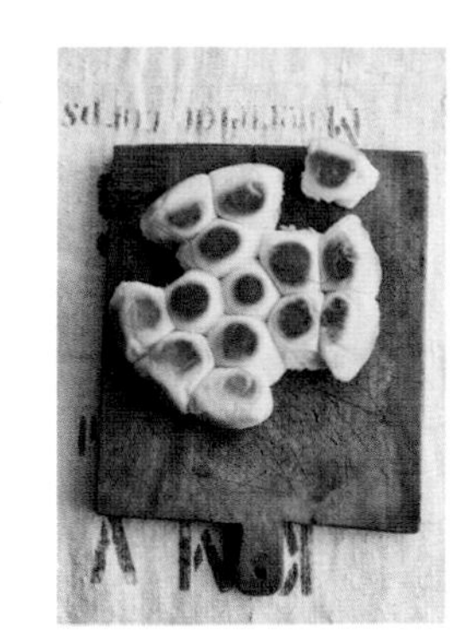

不需要烤箱＆模具！

平底鍋烤出
香軟手撕麵包

高山和恵

一只平底鍋，就能烤出美味可口的手撕麵包！

渾圓飽滿，緊密地並排在一起的麵包，一個一個撕開，撕下來送進嘴裡。
以模樣可愛，撕下後就能大快朵頤的樂趣而深具魅力的「手撕麵包」。
想不想在家自己動手做做看呢？

書中介紹的都是不需要動用到烤箱，平底鍋就能完成烘製的「手撕麵包」。
麵團的調配比例與揉麵步驟，確實遵照書中記載，
即便第一次製作麵包的人，也絕對能夠成功地烤出美味可口的手撕麵包。
接著就來為您介紹簡單程度排行No.1的特製食譜吧！

1 烤箱、模型統統不需要。平底鍋就能烤出美味可口的手撕麵包！

2 發酵、烘烤都在平底鍋裡完成！製作麵包通常需要花上兩、三個小時，採用書中介紹的方法，製作時間至少可以縮短一半。從揉麵到起鍋，七十分鐘左右就能搞定！

3 讓人每天都想吃，口感鬆軟Q彈，充滿道地美味！

好想吃喔！作法很簡單，想吃就能隨時動手製作，
享受剛出爐麵包的絕妙美味。
書中共介紹了48種「平底鍋手撕麵包」。
到底烤哪一種才好呢？令人猶豫不決也是製作樂趣之一。
就像平常煮飯做菜一樣，多加嘗試，輕鬆愉快地製作吧！

平底鍋的使用要點

尺寸
- 根據手撕麵包的形狀，區分使用直徑20cm與26cm的平底鍋。
  請透過食譜中的「使用直徑〇公分的平底鍋」相關記載進行確認。

形狀與厚度
- 使用側邊近似垂直狀態（鍋底未縮小）的平底鍋，烘烤出來的麵包形狀更漂亮。請選用側邊高度4cm以上的平底鍋。
- 鍋身厚、薄皆OK，但烘烤出來的顏色不一樣。請邊確認烘烤顏色，邊調整烘烤時間。

鍋蓋
- 請使用稍具圓弧度且沒有氣孔的鍋蓋。

食譜中相關記載與注意事項

- 未指定時，請使用有鹽奶油。
- 書中記載1大匙＝15mℓ，1小匙＝5mℓ，1杯＝200mℓ。1cc＝1mℓ。
- 微波加熱時間以600W為基準。使用500W時請以1.2倍，700W時以0.8倍為加熱時間大致基準。
- 電烤箱加熱時間以1000W為基準，但，可能因機種而出現若干差異。

INDEX

CHAPTER 1 超簡單手撕麵包

CHAPTER 2 味道甜美的手撕麵包

CHAPTER 3 鹹味家常菜餡料的手撕麵包

CHAPTER 4 三明治手撕麵包

CHAPTER 5 最特別的手撕麵包

& More! 特別篇 奶香手撕麵包

chapter 1

SIMPLE

BASIC CHIGIRI-PAN RECIPE

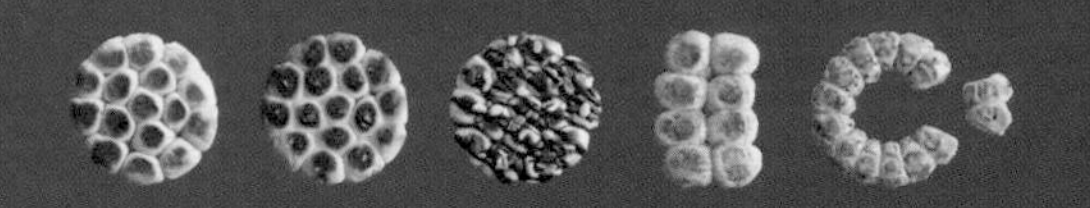

超簡單手撕麵包

從「基本的手撕麵包」開始做起。
所有的麵包製作過程共通。因此，
請仔細閱讀本書後試著烤烤看。
「以平底鍋發酵，以平底鍋烘烤」，
留意此獨特作法。
書中還介紹了許多種超簡單手撕麵包的變化作法。

基本的手撕麵包

外形素樸，味道香甜，百吃不膩。
口感清新柔和，讓人吃了還想再吃。
起鍋後撕著吃的那一瞬間開始，
就能深深地體會到「鬆軟、Q彈」的絕妙滋味。

材料（直徑20㎝的平底鍋1個份）

高筋麵粉	220g
砂糖	30g
鹽	½小匙
牛奶	130g
乾酵母	6g
奶油	20g

BASIC

[揉成麵團後揉圓]

1 混合材料

將牛奶倒入耐熱容器裡，不覆蓋保鮮膜，直接微波加熱30秒，大概加熱至人體皮膚的溫度。添加乾酵母後，大致攪拌（未完全溶解也OK）。將高筋麵粉、砂糖、鹽倒入調理盆裡，添加牛奶與乾酵母後，以橡皮刮刀攪拌。攪拌至看不出粉末狀後，以手揉成麵團，取出後擺在揉麵台上。

POINT

添加牛奶可促進酵母的發酵作用，因此，使用前先加熱。但，溫度超過45℃時，反而會降低酵母作用，所以，應避免加熱過度。加熱超過人體皮膚的溫度時，添加酵母前，請先降溫。

2 揉麵 4 分鐘

用力拉麵團似地，利用手掌根部，加上身體重量，往前推揉麵團後，朝著面前側摺疊。接著一面將麵團旋轉90℃，一面重複以上動作，揉麵約4分鐘，揉成表面光滑的麵團。

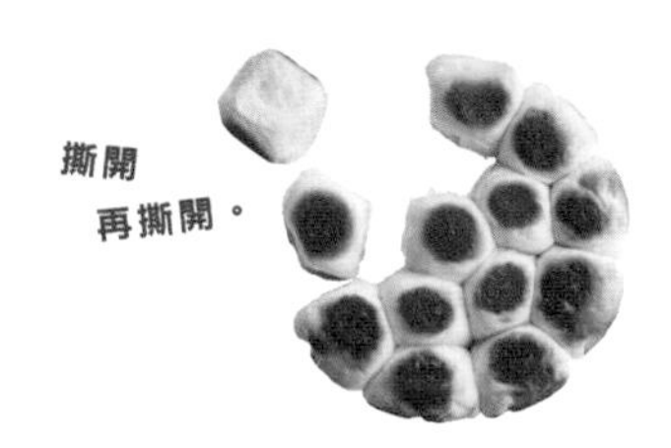

3 添加奶油

將奶油放入耐熱容器裡，不覆蓋保鮮膜，直接微波加熱20秒以軟化奶油。將步驟 **2** 的麵團移回調理盆裡，添加奶油後，摺疊麵團，包入奶油。往外拉麵團後揉圓，重複此動作數次，促使奶油融入麵團裡。

POINT

包入奶油後，往外拉麵團，露出麵團裡側部分，揉圓後，再往外拉麵團，重複以上動作，即可促使奶油完全融入麵團裡。

4 再揉麵 4 分鐘

步驟 **3** 的麵團取出後，移往揉麵台，揉麵至表面呈現光滑狀態後，如同步驟 **2**，繼續揉麵4分鐘左右（剛開始揉麵時非常黏手，漸漸地就能揉成麵團，因此，請耐心地揉麵）。

5 切成 4 等份後揉圓

將步驟 **4** 的麵團切成4等份。切好後分別擺在手掌心，捏住麵團邊緣後，往中央靠攏，然後揉圓至表面呈現緊繃光滑狀態。確實地捏緊麵團開口。

POINT

邊輕輕地拉撐麵團，邊往中央靠攏，就是麵團表面呈現光滑狀態的訣竅。揉圓至表面呈現緊繃狀態後，確實地捏緊麵團開口。麵團開口未確實捏緊時，易因發酵過程中氣體排出而無法烘烤出膨鬆柔軟的麵包。

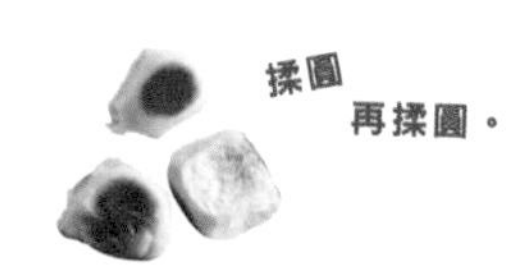

[以平底鍋進行第 1 次發酵]

[排放氣體・成形]

6

以文火加熱1分鐘後，靜置20分鐘。

膨脹為 1.5 倍！

直徑20cm的平底鍋加水1大匙後，鋪上烤箱用烤盤紙。捏緊的開口朝下，排入步驟 **5** 的麵團，蓋上鍋蓋。以文火（極小火）加熱1分鐘後關掉爐火。蓋著鍋蓋狀態下，靜置20分鐘左右，至麵團膨脹為1.5倍左右（第1次發酵）。

7

切成 16 等份後揉圓

步驟 **6** 的麵團取出後，移往揉麵台，重疊4個麵團後，將手掌擺在麵團上，按壓麵團以促使排出氣體。量秤重量後，將麵團切成16等份。如同步驟 **5**，揉圓至表面呈現緊繃光滑狀態後，確實地捏緊麵團開口。

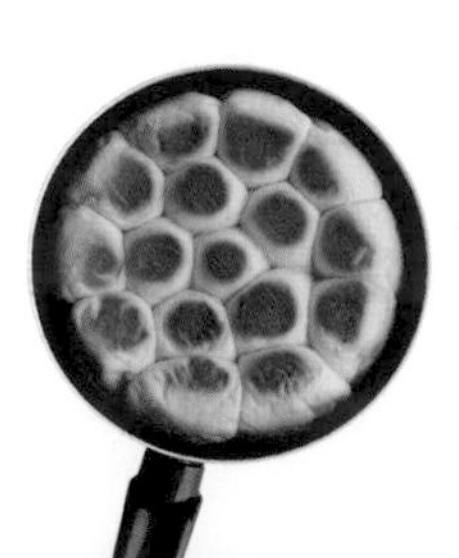

擠滿
膨脹了？

烤成金黃色，烤出香噴噴的味道。

[以平底鍋進行第 2 次發酵]

8

再以文火加熱 1 分鐘後，靜置 15 分鐘

又膨脹 1.5 倍！

擦乾平底鍋與烤箱用烤盤紙上的水氣，鋪回烤盤紙。捏緊的開口朝上，排入步驟7的麵團，蓋上鍋蓋。以文火加熱1分鐘後關掉爐火。蓋著鍋蓋狀態下，靜置15分鐘左右，至麵團膨脹為1.5倍左右（第2次發酵）。

POINT

排放麵團時，捏緊的開口朝上，即可烘烤出均勻漂亮的顏色。麵團的排法為中央1個，周圍5個，剩下的排在最外側，就能烘烤出形狀勻稱漂亮的麵包。

[烘烤兩面]

9

烘烤兩面

蓋著鍋蓋狀態下，以文火烘烤8～10分鐘。接著連同烤盤紙，移到比平底鍋大上一輪的盤子裡，然後將平底鍋倒扣在盤子上，翻轉上下，將麵團移回平底鍋裡。撕掉烤盤紙，蓋上鍋蓋，再以文火烘烤7～8分鐘。烤熟後取出，擺在網子上等，大致冷卻。（¼分量：熱量293kcal、鹽分0.9g）

POINT

烘烤色澤因使用的爐具或平底鍋而呈現若干差異。請於避免烤焦狀態下，先如上述記載，以較短的時間烘烤後確認色澤，顏色太淡時，以上述記載時間烘烤後，再以小火烘烤2～3分鐘，即可烘烤出漂亮顏色。其次，翻轉上下時，麵團容易受到擠壓，需留意。

保存

以味道清淡的麵團完成「基本的手撕麵包」，烤熟後即可冷凍保存。起鍋後微微冷卻，以保鮮膜確實包好，放入冷凍庫即可保存2星期左右。取出後置於常溫狀態下解凍，再利用電烤箱，或鬆鬆地覆蓋保鮮膜後微波加熱即可食用。

鬆軟Q彈，烘烤出絕佳狀態嗎？

無法順利地烤出理想狀態時，請透過以下步驟 check 原因！

「未烘烤出絕佳狀態」、「沒成功」，出現這些情形時，請仔細閱讀本單元後，再試著挑戰看看吧！

麵團未發酵膨脹

發酵情形也會受到氣溫的影響，氣溫較低時麵團不容易發酵，較高時則發酵速度快。
請以書中記載的發酵時間為大致基準，邊促進發酵，邊觀察麵團是否膨脹為1.5倍。
其次，使用的酵母不新鮮，麵團就不容易發酵膨脹，因此建議使用新鮮酵母。
此外，請確認是否以下因素所導致！

CHECK 1
牛奶或果汁等水分加熱後溫度太高嗎？

溫度達45℃以上時，酵母作用就降低。食譜中記載的微波加熱時間，係針對剛從冰箱取出的牛奶或果汁。使用常溫狀態的牛奶與果汁時，請縮短加熱時間。適當溫度為指尖碰觸時感覺微溫。太熱時，添加酵母前先冷卻至適當溫度。

CHECK 2
「以文火加熱 1 分鐘」時，爐火會不會太弱呢？

發酵時加熱是為了提高平底鍋內溫度，促進酵母的作用。爐火太弱時，無法充分加熱促進發酵。適當溫度為輕輕觸摸平底鍋側面時，感覺微溫。不夠熱時，邊觀察狀況、邊追加加熱時間。

CHECK 3
「以文火加熱 1 分鐘」時，爐火會不會太強呢？

爐火太強也NG。因為熱度進入麵團後，麵團還沒膨脹就已經烤熟。發酵後，麵團底面呈現白色乾硬狀態，即表示爐火太強。第一次發酵時麵團烤熟，即便第二次發酵，麵團也不會膨脹。令人遺憾的是麵團烤熟後無法補救。直接烤熟後也能吃，只是口感硬梆梆。

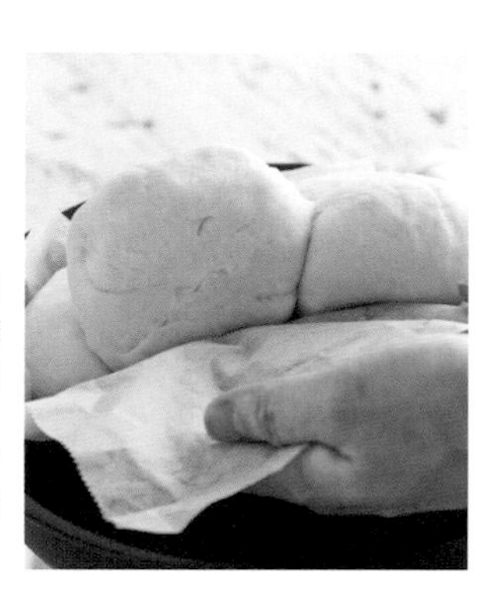

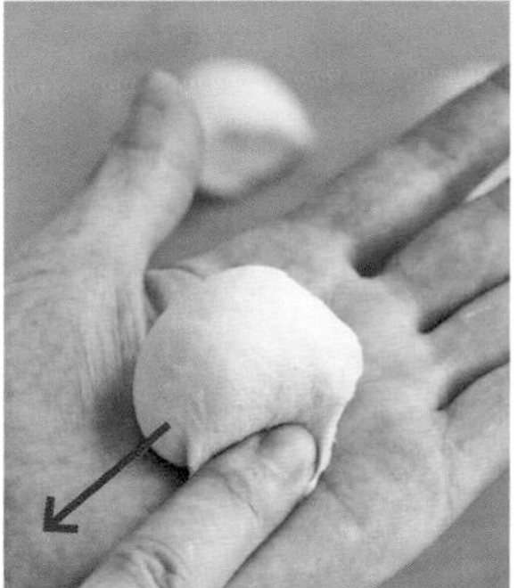

CHECK 1
整型時確實地捏緊麵團開口嗎？

麵團開口未確實捏緊時，易因發酵過程中排放氣體而無法充分地烤出高度。其次，也可能成為麵包烤熟後表面不光滑，嚴重影響外觀的主因。

POINT 這麼做就能更確實地捏緊麵團開口！

捏緊麵團開口後，捏緊的開口朝下，將麵團擺在手掌心，接著將另一隻手的食指指腹抵在麵團側面，手指壓住麵團後，朝著面前側滑動。以手指輕壓，使麵團開口完全結合在一起。

烤成麵包後未呈現膨鬆柔軟狀態

麵團的發酵情形最重要，先透過以上步驟確認看看吧！「發酵過程很順利，但，還是沒有烤出膨鬆柔軟的麵包」，出現這種情形時，請透過這些步驟確認原因。

CHECK 2
烘烤過程中翻轉上下時，擠壓到麵團嗎？

烤好其中一面後，取出麵團時，上面並未烤熟，確保形狀的能力不足，容易萎縮，因此，取出麵團擺在盤子裡，或將平底鍋倒扣在盤子上時，務必小心，千萬不能擠壓到麵團。處理時請放輕力道，儘可能迅速地完成作業。

烤焦了！

烘烤色澤因使用的平底鍋或爐具而呈現若干差異。將爐火調成文火（極小火），先以略短於食譜中記載的時間烘烤後，確認烘烤色澤。顏色太淡時，調成小火，以記載時間烘烤後，再烤2～3分鐘，以便烤出漂亮色澤。烤好兩面後，以手指輕輕按壓表面，即可確認麵團是否熟透。按壓時感覺很有彈性，即表示麵團已經熟透，烤成麵包了。

以「26 cm的平底鍋」烤成各種形狀

「基本的手撕麵包」的麵團分量不變，將直徑20cm的平底鍋，換成直徑26cm的平底鍋。
空間變大，相對地，改變麵團的排列方式，就能烤出形狀獨特的手撕麵包。

WREATH

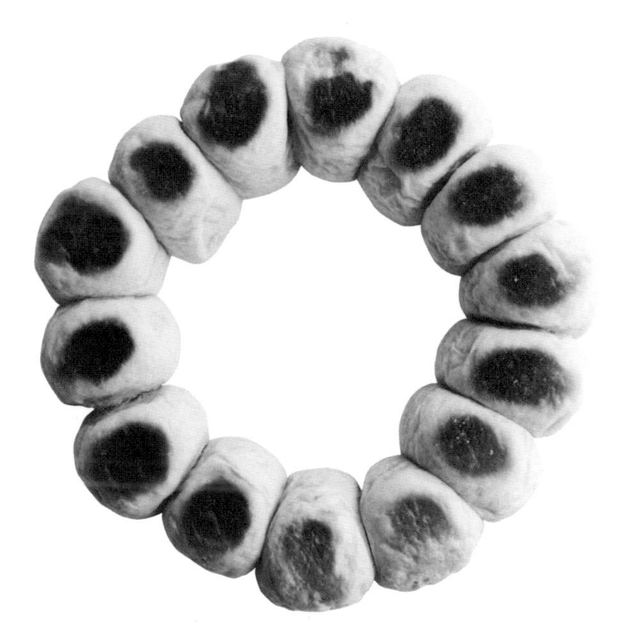

花圈形！

材料（1個份）
P.10「基本的手撕麵包」材料……………全量

作法

參照P.10～P.13的作法**1**～**9**，使用直徑26cm的平底鍋，以相同要領完成製作。但，作法**7**將麵團切成14等份。作法**8**沿著平底鍋邊緣，將麵團緊密地排成環狀。作法**9**烤好一面後，將麵團取出擺在盤子裡，上面另外覆蓋一張烤盤紙，將平底鍋倒扣在盤子上，然後翻轉上下。只撕掉上面的烤盤紙，背面也烘烤後，連同烤盤紙一起取出。

POINT

烤成花圈形時，空出中央部分，麵團容易塌掉，需留意。烤好後連同烤盤紙一起取出，因此，翻轉上下時，另外覆蓋一張烤盤紙。

RECTANGLE

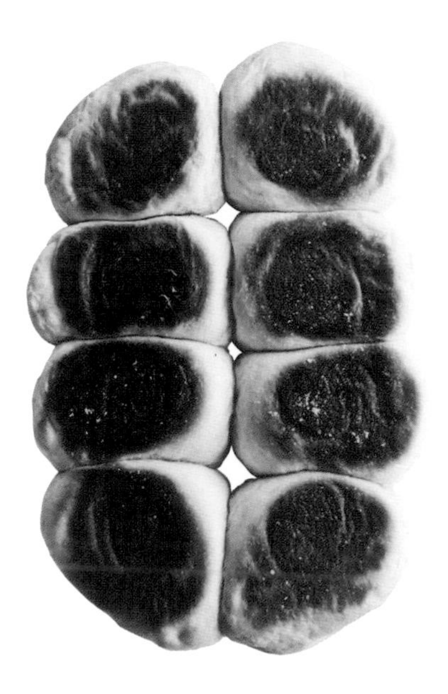

長方形！

材料（1個份）
P.10「基本的手撕麵包」材料……………全量

作法

參照P.10～P.13的作法**1**～**9**，使用直徑26cm的平底鍋，以相同要領完成製作。但，作法**7**將麵團切成8等份。作法**8**將麵團緊密地並排在平底鍋的中央，排成4個×2列的長方形。

希望改變形狀時

● 使用26cm的平底鍋時，麵團不會接觸到平底鍋的側面，容易往側面擴散。為了讓麵團相互擠壓而往上鼓起，麵團應儘可能地緊密並排入平底鍋裡。

● P.18～P.41介紹的麵包，都是以「基本的手撕麵包」相同分量的麵團作成。參考以下作法，作成喜愛的形狀也OK！

SQUARE

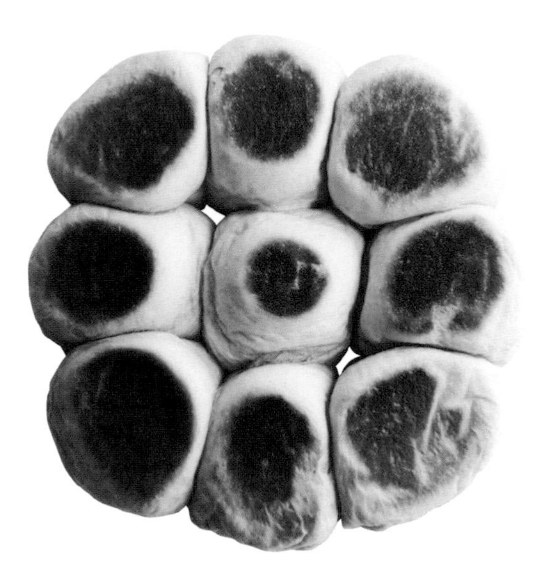

正方形！

材料（1個份）

P.10「基本的手撕麵包」材料……………全量

作法

參照P.10～P.13的作法1～9，使用直徑26cm的平底鍋，以相同要領完成製作。但，作法7將麵團切成9等份。作法8將麵團緊密地並排在平底鍋的中央，排成3個×3列的正方形。

增加麵團分量，完成BIG尺寸手撕麵包！

「基本的手撕麵包」麵團分量增加為1.5倍，
完成擠滿直徑26cm平底鍋的大尺寸手撕麵包！
需要多花一些時間，建議想一次多做一些麵包時採用。

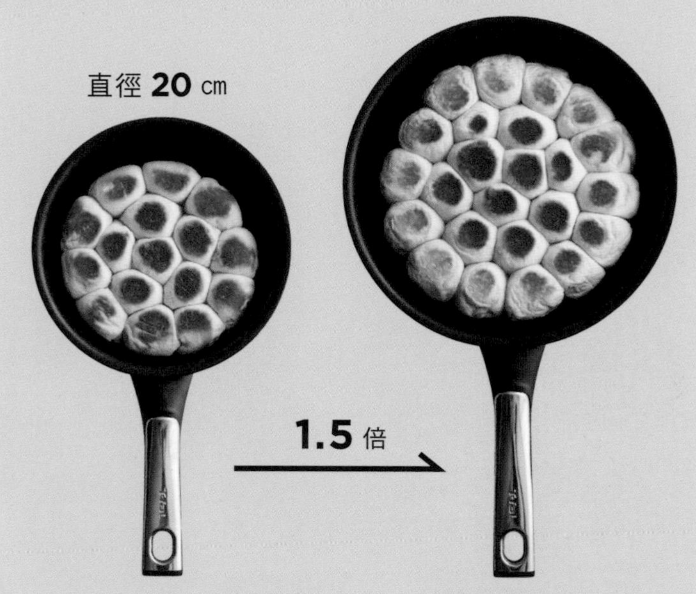

LARGE SIZE

L尺寸

材料（直徑26 cm的平底鍋1個份）

高筋麵粉……………330g
砂糖……………45g
鹽……………¾小匙
牛奶……………195g
乾酵母……………9g
奶油……………30g

作法

參照P.10～P.13的作法1～9，使用直徑26cm的平底鍋，以相同要領完成製作。但，作法1的牛奶加熱時間改成40秒，作法2、4的揉麵時間改成7分鐘。作法7將麵團切成24等份。作法8由平底鍋邊緣側開始排入麵團，作法9的第一次烘烤時間為文火烤12～14分鐘。

（¼分量：熱量440kcal、鹽分1.3g）

將「基本的手撕麵包」的口味烤得更豐富多元。

「基本的手撕麵包」烤好後，以奶油、起司、巧克力等為配料，享受超簡單手撕麵包變化款製作樂趣。

鹽奶油風味的手撕麵包

將奶油擺在麵團上，烤熟後撒上鹽巴，完成最後修飾。麵團吸入奶油風味後，完成令人難以招架的美味！

材料（1個份）
＝使用直徑20cm的平底鍋＝

P.10「基本的手撕麵包」材料……全量
奶油……20g
粗鹽……少許

作法

參照P.10～P.13的作法**1**～**9**，以相同要領完成製作。但，作法**9**上下翻轉麵團後，移回平底鍋，表面撒上切小塊的奶油。背面也烘烤後取出，大致冷卻後，撒上粗鹽。
（¼分量：熱量331kcal、鹽分1.2g）

SALT & BUTTER

PIZZA TOAST

材料（1個份）

P.10「基本的手撕麵包」……1個
番茄……½個
培根……1片
羅勒葉……2～4片
市售披薩醬……2大匙
披薩用起司……60g
橄欖油、粗碾黑胡椒……各適量

作法

番茄切除蒂頭後切成1㎝小丁。培根切成寬1㎝。麵包塗抹披薩醬後，均勻地撒上番茄、培根、起司，以電烤箱烘烤5分鐘左右（過程中邊觀察烘烤狀況，感覺快燒焦時，覆蓋鋁箔）。烤好後取出，將羅勒葉撕成小片後撒在表面上。淋上橄欖油，撒上粗碾黑胡椒。
（¼分量：熱量383kcal、鹽分1.3g）

披薩吐司風手撕麵包

撒上披薩餡料，放入電烤箱裡烤熟。
以融化開來的起司與味道清新的羅勒香氣最富魅力。

材料（1個份）
P.10「基本的手撕麵包」……1個
〈檸檬糖霜〉
- 糖粉……60g
- 檸檬汁……2小匙

檸檬（國產）皮切細絲……適量

作法
混合檸檬糖霜的材料後，以湯匙塗抹在麵包上，撒上檸檬皮。
（¼分量：熱量352kcal、鹽分0.9g）

淋上檸檬糖霜

麵包表面覆蓋著檸檬風味的糖霜。可享受到清新酸味與清脆口感。

加上 2 種巧克力

加上溶解的巧克力與巧克力米。以雙重裝飾完成造型可愛，色彩繽紛的手撕麵包！

材料（1個份）
P.10「基本的手撕麵包」……1個
片狀巧克力（牛奶口味）……50g
巧克力米……2小匙

作法
片狀巧克力切碎後，倒入耐熱調理盆裡，不覆蓋保鮮膜，直接微波加熱50秒。取出後，以橡皮刮刀攪拌至巧克力完全融化為止。利用湯匙，趁熱將巧克力淋在麵包上，描畫成格子圖案，撒上巧克力米。置於室溫環境至巧克力凝固為止。
（¼分量：熱量374kcal、鹽分0.9g）

淋上焦糖醬

大量淋上味道微苦的焦糖醬。與烤出香脆口感的堅果類最搭調。

材料（1個份）
P.10「基本的手撕麵包」……1個
〈焦糖醬〉
砂糖……40g
水……2小匙
奶油……10g
鮮奶油……2小匙
綜合堅果（無鹽）……25g

作法
製作焦糖醬。將砂糖與水倒入小鍋裡，攪拌均勻後，以中火加熱。加熱過程中邊搖晃鍋子，邊加熱2分～2分半鐘。煮成茶色後關掉爐火，立即加入奶油（A）、鮮奶油，攪拌均勻後，利用湯匙，畫線似地趁熱淋在麵包上，撒上堅果。
（¼分量：熱量398kcal、鹽分1.0g）

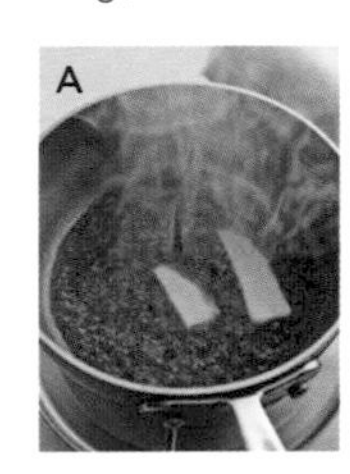

CARAMEL
& NUTS

「基本的手撕麵包」＋ 1 種素材

「基本的手撕麵包」麵團，只多加1種素材，美味程度就大大地提昇。
作法超簡單，卻能完成既適合正餐吃，也適合當點心，讓人吃了還想再吃的手撕麵包。

＋核桃

最大特色為香氣與酥脆口感。

材料（1個份）
＝使用直徑20cm的平底鍋＝
P.10「基本的手撕麵包」……全量
核桃（烤過・無鹽）……60g

作法
核桃切粗粒。參照P.10～P.13的作法**1**～**9**，以相同要領完成製作。但，作法**4**揉好麵團，添加核桃後混合在一起（參照右側POINT相關記載）。
（¼分量：熱量394kcal、鹽分0.9g）

POINT
麵團混合餡料時。

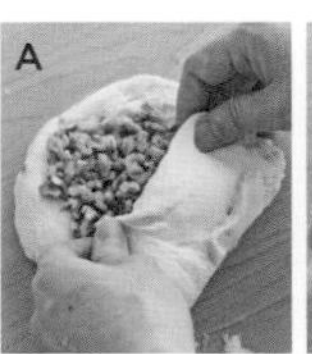
A

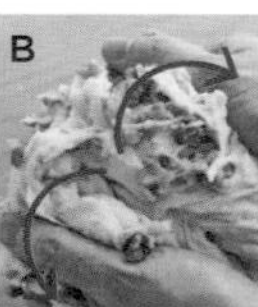
B

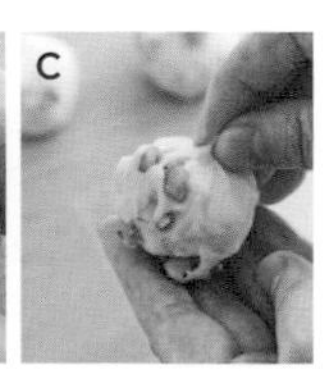
C

・揉好麵團，以手壓扁成麵皮狀後，加上餡料。由面前側開始摺疊麵團，包入餡料後（A），朝著外側拉撐麵團，露出裡側部分後揉圓（B）。重複上述步驟數次，使餡料完全融入麵團裡。
・整型時，讓混入麵團的餡料也出現在外側，揉圓後外觀上呈現出不同變化更經典。

＋葡萄乾

不惜重本，大量添加不可或缺的基本素材。

材料（1個份）
＝使用直徑20cm的平底鍋＝

P.10「基本的手撕麵包」材料……全量
葡萄乾……100g

作法

參照P.10～P.13的作法**1～9**，以相同要領完成製作。但，作法**4**揉好麵團，添加核桃後混合在一起（參照P.22的POINT相關記載）。
（¼分量：熱量369kcal、鹽分0.9g）

RAISIN

RAW SUGAR

＋黑糖

將砂糖換成黑糖，完成味道更甘甜濃醇的手撕麵包。

材料（1個份）
＝使用直徑20cm的平底鍋＝

〈麵包麵團〉

- 高筋麵粉……220g
- 黑糖（粉）……40g
- 鹽……½小匙
- 牛奶……130g
- 乾酵母……6g
- 奶油……20g

作法

參照P.10～P.13的作法**1～9**，以相同要領完成製作。但，將砂糖換成黑糖。
（¼分量：熱量300kcal、鹽分0.9g）

＋番薯

充滿自然沉穩甘甜味道，吃起來倍感溫馨。

材料（1個份）
＝使用直徑26cm的平底鍋＝

P.10「基本的手撕麵包」材料……全量
番薯……100g

1 番薯連皮一起清洗乾淨後，切成1cm小塊。泡水約5分鐘後，瀝乾水分，攤開在耐熱盤子裡。鬆鬆地覆蓋保鮮膜後，微波加熱兩分半鐘左右，至竹籤輕輕一戳就穿透。
2 參照P.10～P.13的作法**1**～**9**，使用直徑26cm的平底鍋，以相同要領完成製作。但，作法**4**揉好麵團，添加番薯後混合在一起（參照P.22的**POINT**相關記載）。作法**7**將麵團切成8等份。作法**8**將麵團緊密地並排在平底鍋的中央，排成4個×2列的長方形。
（¼分量：熱量328kcal、鹽分0.9g）

＋培根

美味多汁，吃過後令人回味無窮！

材料（1個份）
＝使用直徑20cm的平底鍋＝

P.10「基本的手撕麵包」材料……全量
培根……80g
粗碾黑胡椒……少許

作法
培根切細末。參照P.10～P.13的作法**1**～**9**，以相同要領完成製作。但，作法**4**揉好麵團，添加培根後混合在一起（參照P.22的**POINT**相關記載）。起鍋後微微地冷卻，撒上粗碾黑胡椒。
（¼分量：熱量374kcal、鹽分1.3g）

＋紅茶

大量添加煉乳，完成充滿奶香味的手撕麵包。

材料（1個份）
＝使用直徑26cm的平底鍋＝

〈麵包麵團〉

- 高筋麵粉……220g
- 砂糖……30g
- 鹽……½小匙
- 牛奶……100g
- 乾酵母……6g
- 奶油……20g

喜愛的紅茶茶葉……1大匙（約4g）
煉乳……4大匙

作法

1 將紅茶的茶葉與4大匙水倒入小鍋裡，以中火加熱，煮滾後，直接烹煮1分鐘，煮好後關掉爐火，微微地冷卻。

2 參照P.10～P.13的作法1～9，使用直徑26cm的平底鍋，以相同要領完成製作。但，作法1將牛奶的加熱時間改成20秒。紅茶煮好後連同茶葉，一起加入調理盆裡（A）。作法7將麵團切成14等份。作法8沿著平底鍋邊緣，將麵團緊密地排成環狀。作法9烤好一面後，將麵團取出擺在盤子裡，上面另外覆蓋一張烤盤紙，將平底鍋倒扣在盤子上，然後翻轉上下。撕掉上面的烤盤紙，背面也烘烤後，連同烤盤紙一起取出。微微地冷卻後，淋上煉乳。

（¼分量：熱量361kcal、鹽分0.9g）

＋甘納豆※

淋上黑糖蜜，充滿日式甜點風味。

材料（1個份）
＝使用直徑26cm的平底鍋＝

P.10「基本的手撕麵包」材料……全量
甘納豆（綜合）……80g
黑糖蜜……1大匙

作法

參照P.10～P.13的作法1～9，使用直徑26cm的平底鍋，以相同要領完成製作。但，作法4揉好麵團，添加甘納豆後混合在一起（參照P.22的POINT相關記載）。作法7將麵團切成9等份。作法8將麵團緊密地並排在平底鍋的中央，排成3個×3列的正方形。烤好後微微地冷卻，淋上黑糖蜜。
（¼分量：熱量368kcal、鹽分0.9g）

※甘納豆：豆類、栗子、輪切番薯（稱「芋納豆」）等食材經過砂糖蜜煮而成的和菓子。與發酵食品的納豆無關。

＋迷迭香

以撲鼻的清新香氣而令人深深著迷。

材料（1個份）
＝使用直徑26cm的平底鍋＝
P.10「基本的手撕麵包」材料……全量
迷迭香葉……2枝分量（約4g）
橄欖油……適量

作法
迷迭香葉切粗末。參照P.10～P.13的作法1～9，使用直徑26cm的平底鍋，以相同要領完成製作。但，作法4揉好麵團，添加迷迭香後混合在一起（參照P.22的POINT相關記載）。作法7將麵團切成14等份。作法8沿著平底鍋邊緣，將麵團緊密地排成環狀。作法9烤好一面後，將麵團取出擺在盤子裡，上面另外覆蓋一張烤盤紙，將平底鍋倒扣在盤子上，然後翻轉上下。撕掉上面的烤盤紙，背面也烘烤後，連同烤盤紙一起取出。淋上橄欖油後即可享用。
（¼分量：熱量307kcal、鹽分0.9g）

ROSEMARY

SESAME

＋芝麻

芝麻香氣讓人食欲大開！

材料（1個份）
＝使用直徑26cm的平底鍋＝
P.10「基本的手撕麵包」材料……全量
炒熟的白芝麻（麵團用）……20g
炒熟的白芝麻（裝飾用）……5g

作法
參照P.10～P.13的作法1～9，使用直徑26cm的平底鍋，以相同要領完成製作。但，作法1將麵團用芝麻加入調理盆裡。作法7將麵團切成8等份後揉圓。將裝飾用白芝麻倒入小容器裡。捏住麵團的開口，手指微微地沾水後，抹在表面上，將麵團放入容器裡，以手指輕輕地按壓，促使芝麻附著在麵團的表面上（A）。作法8將麵團緊密地並排在平底鍋的中央，排成4個×2列的長方形。
（¼分量：熱量331kcal、鹽分0.9g）

＋洋蔥酥

洋蔥以奶油炒出絕佳風味。

材料（1個份）
＝使用直徑26cm的平底鍋＝

P.10「基本的手撕麵包」材料……全量

〈洋蔥酥〉

- 洋蔥切細末……1個份
- 奶油……15g
- 鹽……1小撮

1 將洋蔥酥材料倒入平底鍋裡，以大火加熱。邊攪拌，邊加熱8分鐘，拌炒至洋蔥轉變成茶色為止。關掉爐火後，大致冷卻。

2 參照P.10～P.13的作法**1～9**，使用直徑26cm的平底鍋，以相同要領完成製作。但，作法**4**揉好麵團，添加洋蔥酥後混合在一起（參照P.22的**POINT**相關記載）。作法**7**將麵團切成9等份。作法**8**將麵團緊密地並排在平底鍋的中央，排成3個×3列的正方形。

（¼分量：熱量340kcal、鹽分1.2g）

ONION

＋優格

減少牛奶添加量，添加優格而更潤口！

材料（1個份）
＝使用直徑26cm的平底鍋＝

〈麵包麵團〉

- 高筋麵粉……220g
- 砂糖……30g
- 鹽……½小匙
- 牛奶……35g
- 原味優格……100g
- 乾酵母……6g
- 奶油……20g

蜂蜜……2大匙

作法

參照P.10～P.13的作法**1～9**，使用直徑26cm的平底鍋，以相同要領完成製作。但，作法**1**將牛奶與原味優格一起倒入耐熱容器裡（**A**），不覆蓋保鮮膜，直接微波加熱40秒。添加乾酵母後大致攪拌。作法**7**將麵團切成8等份。作法**8**將麵團緊密地並排在平底鍋的中央，排成4個 × 2列的長方形，烤好後大致冷卻，淋上蜂蜜。

（¼分量：熱量324kcal、鹽分0.9g）

FOR YOUR TEATIME

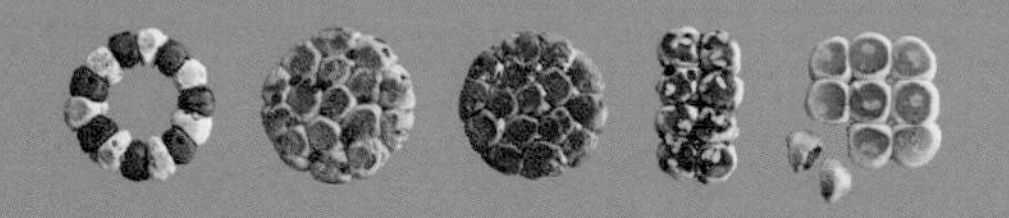

味道甜美的點心手撕麵包

由「基本的手撕麵包」開始製作，

多加一些巧思的進階版手撕麵包。

想不想添加巧克力、豆沙餡等甜味餡料，

完成適合點心時間享用，

讓人充滿幸福感的糕點麵包呢？

可可 × 核桃

令人眼睛一亮，華麗無比的雙色花圈形麵包。
由添加巧克力碎片的可可麵包與核桃麵包構成的奢華手撕麵包。

材料（1個份）
＝使用直徑26cm的平底鍋＝

〈核桃麵包麵團〉

高筋麵粉	110g
砂糖	15g
鹽	¼小匙
牛奶	65g
乾酵母	3g
奶油	10g

〈可可麵包麵團〉

高筋麵粉	110g
可可粉	1大匙
砂糖	15g
鹽	¼小匙
牛奶	75g
乾酵母	3g
奶油	10g
核桃（烤過・無鹽）	25g
巧克力碎片	25g

作法

1 製作雙色麵團

核桃切粗粒。分別製作核桃、可可口味的麵團。參照P.10～P.13的作法1～4，以相同要領完成製作。但，作法1將牛奶加熱時間改成10秒。作法2、4的揉麵時間改成3分鐘。作法3將奶油加熱時間改成10秒。可可麵團部分，作法1高筋麵粉添加可可粉。核桃麵團部分，作法4揉好麵團，添加核桃後混合在一起。（參照P22的POINT相關記載）。

2 第一次發酵後整型

參照P.11～P.12的作法5～7，使用直徑26cm的平底鍋，以相同要領完成製作。但，作法5將雙色麵團分別切成2等份。作法7麵團分別排放氣體，可可麵團添加巧克力碎片後混合在一起※。雙色麵團分別切成7等份。
※巧克力易溶解，第一次發酵後才混合。

3 第二次發酵後烘烤

參照P.13的作法8～9，使用直徑26cm的平底鍋，以相同要領完成製作。但，作法8沿著平底鍋邊緣，緊密地交互並排雙色麵團，排成環狀。作法9烤好一面後，將麵團取出擺在盤子裡，上面另外覆蓋一張烤盤紙，將平底鍋倒扣在盤子上，然後翻轉上下。撕掉上面的烤盤紙，背面也烘烤後，連同烤盤紙一起取出。
（¼分量：熱量376kcal、鹽分0.9g）

MATCHA & BLACK SOYBEANS

抹茶×黑豆

添加抹茶而烤出鮮綠耀眼色澤。淡淡的苦味與甜蜜的黑豆，激盪出絕妙好滋味，充滿日式風味的手撕麵包。

材料（1個份）

＝使用直徑20cm的平底鍋＝

〈麵包麵團〉

高筋麵粉	220g
抹茶	1小匙
砂糖	30g
鹽	½小匙
牛奶	130g
乾酵母	6g
奶油	20g
市售甜煮黑豆	70g
黃豆粉	適量

作法

1 揉好麵團後混合餡料

黑豆以廚房紙巾包裹後，確實地擦乾湯汁。參照P.10～P.11的作法1～5，以相同要領完成製作。但，作法1高筋麵粉添加抹茶後大致攪拌。作法4揉好麵團，添加黑豆後混合在一起（參照P.22的POINT相關記載）。

2 促進發酵後烘烤

參照P.12～P.13的作法6～9，以相同要領完成製作。烤好後大致冷卻，撒上黃豆粉。

（¼分量：熱量333kcal、鹽分1.0g）

撕開，靜靜地品嚐。

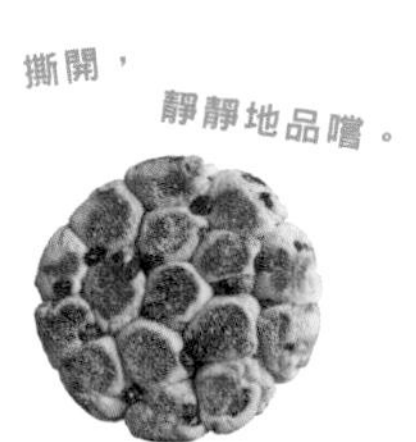

COFFEE & ORANGE PEEL

咖啡 × 柳橙

散發淡淡甘苦味道的咖啡麵團，以白巧克力的濃郁甜味與橙皮的香氣，營造畫龍點睛的效果。

材料（1個份）
＝使用直徑20cm的平底鍋＝

〈麵包麵團〉

高筋麵粉	220g
砂糖	30g
鹽	½小匙
牛奶	115g
即溶咖啡	2大匙
熱水	1大匙
乾酵母	6g
奶油	6g

市售橙皮	40g
白巧克力	40g

作法

1 揉好麵團後混合餡料

橙皮切粗末。白巧克力切成1㎝小塊。參照P.10～P.11的作法1～5，以相同要領完成製作。但，作法1以熱水溶解即溶咖啡，加入已加熱的牛奶，添加乾酵母後大致攪拌。作法4揉好麵團，添加橙皮後混合在一起（參照P.22的POINT相關記載）

2 促進發酵後烘烤

參照P.12～P.13的作法6～9，以相同要領完成製作。但，作法7麵團排放氣體，添加白巧克力後混合在一起※。

（¼分量：熱量384kcal、鹽分0.9g）

※巧克力易溶解，因此於第一次發酵後混合。

莓果×果醬

外形可愛，添加紅色莓果與果醬，令人印象深刻的組合。
享受吃進嘴裡後在口中擴散開來的酸甜好滋味。

材料（1個份）
＝使用直徑26cm的平底鍋＝

〈麵包麵團〉
- 高筋麵粉……220g
- 砂糖……30g
- 鹽……½小匙
- 牛奶……130g
- 乾酵母……6g
- 奶油……20g

綜合莓果乾……80g

〈果醬醬汁〉
- 草莓果醬……50g
- 水……1小匙
- 吉利丁粉……⅓小匙

杏仁片……1小匙（約2g）

作法

1 揉好麵團後混合餡料
參照P.10～P.11的作法1～5，以相同要領完成製作。但，作法4揉好麵團，添加莓果乾後混合在一起（參照P.22的POINT相關記載）

2 促進發酵後烘烤
參照P.12～P.13的作法6～9，使用直徑26cm的平底鍋，以相同要領完成製作。但，作法7將麵團切成8等份。作法8將麵團緊密地並排在平底鍋的中央，排成4個×2列的長方形。

3 淋上醬汁後，進行最後修飾
杏仁倒入平底鍋裡煸炒出香氣。以果醬製作醬汁。將水與吉利丁粉倒入耐熱容器裡，不覆蓋保鮮膜，直接微波加熱10秒。添加草莓果醬後攪拌均勻。麵包大致冷卻後，以湯匙杓取醬汁，畫線似地淋在麵包上，撒上杏仁片。
（¼分量：熱量390kcal、鹽分0.9g）

BERRY & JAM

CHESTNUT & ANKO

栗子×豆沙餡

一起包入味道甘甜的栗子與滿滿的豆沙餡。
完成溫馨無比，令人想起傳統紅豆麵包的素樸模樣。

材料（1個份）
＝使用直徑26cm的平底鍋＝

〈麵包麵團〉

- 高筋麵粉……220g
- 砂糖……30g
- 鹽……½小匙
- 牛奶……130g
- 乾酵母……6g
- 奶油……20g

- 市售豆沙餡……140g
- 市售甘露煮栗子……4個
- 罌粟籽……少許

作法

1 揉成麵團後進行第一次發酵

栗子以廚房紙巾包裹後，確實地擦乾湯汁，切成1cm小塊。豆沙餡與栗子分別分成9等份，分別加在一起後，擺在保鮮膜上揉圓。參照P.10～P.12的作法1～6，使用直徑26cm的平底鍋，以相同要領完成製作。

2 包入餡料

參照P.12的作法7，以相同要領完成製作。但，將麵團切成9等份，微微地揉圓後，分別用手攤成直徑8cm的麵皮。麵皮中央分別擺放一顆栗子餡。捏住麵皮邊緣後，邊往中央靠攏，邊揉成表面緊繃光滑的狀態（參照以下POINT A・B相關記載）。確實地捏緊麵團開口。

3 第二次發酵後烘烤

參照P.13作法8～9，使用直徑26cm的平底鍋，以相同要領完成製作。但，作法8捏緊的開口朝下，將麵團緊密地並排在平底鍋的中央，排成3個×3列正方形（參照以下POINT C相關記載）。麵團中央分別加上罌粟籽，以手指輕輕按壓，促使附著在麵團上。

（¼分量：熱量378kcal、鹽分0.8g）

POINT 以麵團包入餡料時

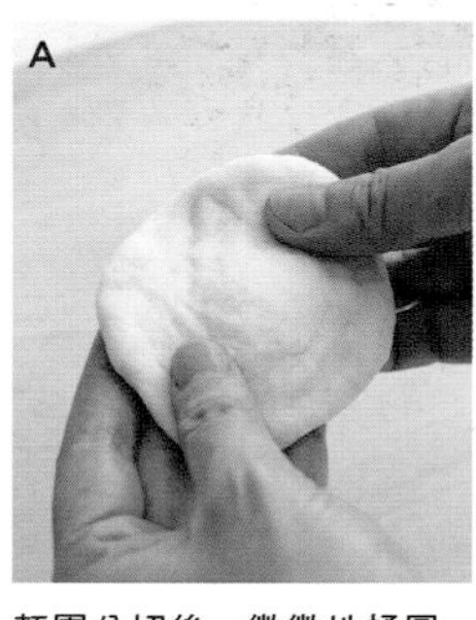

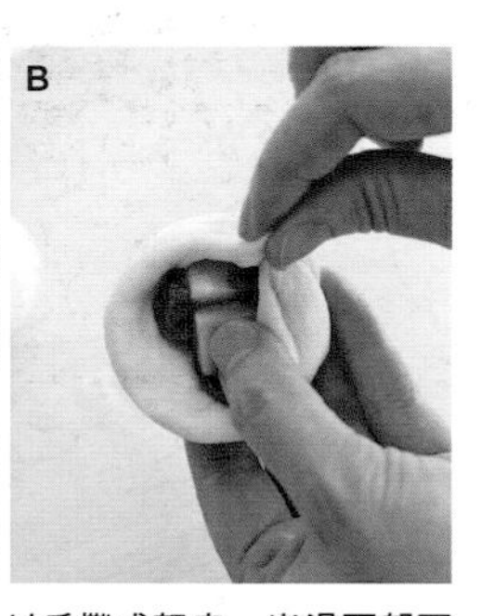

麵團分切後，微微地揉圓，以手攤成麵皮，光滑面朝下（A）。麵皮中央擺好餡料後，一手壓住餡料，另一隻手捏住麵團邊緣，邊微微地拉撐麵團，邊往中央靠攏（B）。小心包入餡料，避免餡料露出，包好後揉圓至麵團表面呈現緊繃光滑狀態。最後，確實地捏緊麵團開口。

包入餡料後，麵團鼓起，開口易撐開，因此，捏緊的開口朝下並排麵團，以避免排放氣體（C）。烤好後，翻轉上下盛入盤裡。

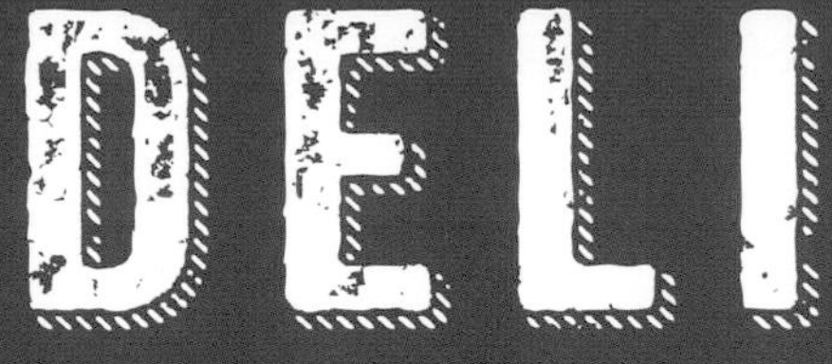

AT LUNCH & DINNER

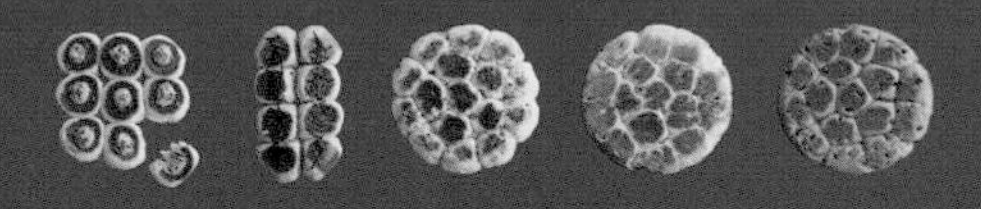

鹹味家常菜餡料的手撕麵包

馬鈴薯、鮪魚、起司，

包入滿滿的鹹味餡料，

完成充滿飽足感的家常菜餡料手撕麵包。

烘烤過程中就不斷地散發出香噴噴的味道！

明太子×奶油馬鈴薯

加上明太子美乃滋醬的麵包裡，
包著熱騰騰的明太子奶油馬鈴薯，
盡情地享用雙重美味吧！

材料（1個份）
＝使用直徑26cm的平底鍋＝

〈麵包麵團〉

高筋麵粉	220g
砂糖	30g
鹽	½小匙
牛奶	130g
乾酵母	6g
奶油	20g

〈明太子奶油馬鈴薯〉

去除薄膜的辣味明太子	½條份（約2大匙）
馬鈴薯（大）	1個（約200g）
奶油	20g

〈明太子美乃滋〉

去除薄膜的辣味明太子	¼條份（約1大匙）
美乃滋	1大匙

珠蔥的蔥花	1根份

作法

1 製作明太子奶油馬鈴薯

馬鈴薯去皮後切成1㎝小塊。用水大致沖洗後，倒入耐熱調理盆裡，鬆鬆地覆蓋保鮮膜，微波加熱3分鐘左右。加熱後趁熱以叉子搗碎，添加明太子與切小塊的奶油後攪拌均勻，分成9等份後揉圓。

2 揉成麵團，進行第一次發酵後，包入餡料

參照P.10～P.12的作法**1**～**7**，使用直徑26㎝的平底鍋，以相同要領完成製作。但，作法**7**將麵團切成9等份。微微揉圓後，分別以手攤成直徑8㎝左右的麵皮，中央分別擺放明太子奶油馬鈴薯後包好（參照P.35的**POINT**相關記載）。

3 進行第二次發酵後烘烤，進行最後修飾

參照P.13的作法**8**～**9**，使用直徑26㎝的平底鍋，以相同要領完成製作。但，作法**8**捏緊的開口朝下，將麵團緊密地並排在平底鍋的中央，排成3個×3列的正方形。烤好後微微地冷卻，加上拌好的明太子美乃滋醬，撒上珠蔥的蔥花。
（¼分量：熱量399kcal、鹽分1.7g）

MENTAIKO & POTATO WITH BUTTER

海苔×
美乃滋鮪魚醬

NORI & TUNA WITH MAYO

包入大人、小孩都喜愛的美乃滋鮪魚醬的王道家常菜餡料手撕麵包。綠色海苔搭配切絲海苔，風味大大地提昇。

材料（1個份）

＝使用直徑26cm的平底鍋＝

〈麵包麵團〉

- 高筋麵粉 …… 220g
- 綠海苔粉 …… 1大匙
- 砂糖 …… 30g
- 鹽 …… ½小匙
- 牛奶 …… 130g
- 乾酵母 …… 6g
- 奶油 …… 20g

〈美乃滋鮪魚醬〉

- 罐裝鮪魚（140g） …… 1罐
- 美乃滋 …… 1又½大匙

〈最後修飾用〉

- 奶油 …… 5g
- 切絲海苔 …… 適量

作法

1 揉成麵團後進行第一次發酵

罐裝鮪魚瀝乾湯汁，添加美乃滋後攪拌均勻，分成8等份。參照P.10～P.12的作法**1**～**6**，使用直徑26cm的平底鍋，以相同要領完成製作。但，作法**1**高筋麵粉添加綠海苔後大致攪拌。

2 包入美乃滋鮪魚醬，進行第二次發酵後烘烤

參照P.12～P.13的作法**7**～**9**，以相同要領完成製作。但，作法**7**將麵團切成8等份。微微地揉圓，分別以手攤成直徑8cm左右的麵皮後，包入餡料（參照P.35的**POINT**相關記載）。作法**8**捏緊的開口朝下，將麵團緊密地並排在平底鍋的中央，排成4個×2列的長方形。

3 撒上海苔絲，進行最後修飾

將最後修飾用的奶油放入耐熱容器裡，不覆蓋保鮮膜，直接微波加熱10秒。麵包微微地冷卻後，以毛刷薄薄地刷上奶油，撒上切絲海苔。

（¼分量：熱量435kcal、鹽分1.4g）

玉米 × 起司

充滿顆粒感的玉米，與溶解後的起司最對味！
吃過後就令人欲罷不能的美味。

材料（1個份）
=使用直徑20cm的平底鍋=

〈麵包麵團〉
- 高筋麵粉……220g
- 砂糖……30g
- 鹽……½小匙
- 牛奶……130g
- 乾酵母……6g
- 奶油……20g

玉米粒（罐裝）……80g
加工起司……60g

〈最後修飾用〉
- 奶油……5g
- 粗碾黑胡椒……適量

CORN & CHEESE

作法

1 揉麵後混合餡料
罐裝玉米粒瀝乾湯汁，以廚房紙巾包裹後，確實地擦乾水分。起司切成16等份。參照P.10～P.11的作法1～5，以相同要領完成製作。但，作法4揉好麵團，添加玉米粒後混合在一起（參照P.22的POINT相關記載）。

2 包入起司，促進發酵後烘烤
參照P.12～P.13的作法6～9，以相同要領完成製作。但，作法7將麵團切成16等份。微微地揉圓後，分別以手攤成直徑6cm左右的麵皮。麵皮中央分別擺放1塊加工起司後包入（參照P.35的POINT相關記載）。作法8捏緊的開口朝下，將麵團排入平底鍋裡。

3 塗抹溶解的奶油，進行最後修飾
將最後修飾用奶油放入耐熱容器裡，不覆蓋保鮮膜，直接微波加熱10秒。麵包微微地冷卻後，以毛刷薄薄地刷上奶油，撒上粗碾黑胡椒。
（¼分量：熱量370kcal、鹽分1.4g）

EDAMAME & CAMEMBERT

毛豆 × 卡門貝爾起司

毛豆與奶香味濃郁的卡門貝爾起司，
最適合佐酒的大人口味組合。

材料（1個份）
=使用直徑20cm的平底鍋=

〈麵包麵團〉
- 高筋麵粉……220g
- 砂糖……30g
- 鹽……½小匙
- 牛奶……130g
- 乾酵母……6g
- 奶油……20g

毛豆（冷凍・解凍後剝掉豆莢）……150g（淨重80g）
卡門貝爾起司……50g

作法

以上述「玉米 × 起司」作法1～2相同要領完成製作。但，玉米換成毛豆，加工起司換成卡門貝爾起司。
（¼分量：熱量364kcal、鹽分1.1g）

番茄×橄欖

麵團以番茄汁增添香氣與色澤，
大量添加橄欖與香草。
最適合佐以紅酒的手撕麵包。

材料（1個份）
＝使用直徑20cm的平底鍋＝

〈麵包麵團〉

高筋麵粉	220g
砂糖	30g
鹽	½小匙
番茄汁（無鹽）	130g
乾酵母	6g
奶油	20g
乾糙綜合香草	1小匙
綠橄欖或黑橄欖（去籽）	30g

作法

1 揉麵後混合餡料

橄欖切粗粒，以廚房紙巾包裹後，確實地擦乾湯汁。參照P.10～P.11的作法**1**～**5**，以相同要領完成製作。但，作法**1**將牛奶換成番茄汁。作法**4**揉好麵團，添加綜合香草與橄欖後混合在一起（參照P.22的**POINT**相關記載）。

2 促進發酵後烘烤

參照P.12～P.13的作法**6**～**9**，以相同要領完成製作。烤好後微微地冷卻，依喜好撒上少許（分量外）綜合香草。

（¼分量：熱量288kcal、鹽分1.1g）

TOMATO JUICE & OLIVE

chapter 4

SAND WICH

ENJOY A PICNIC & PARTY

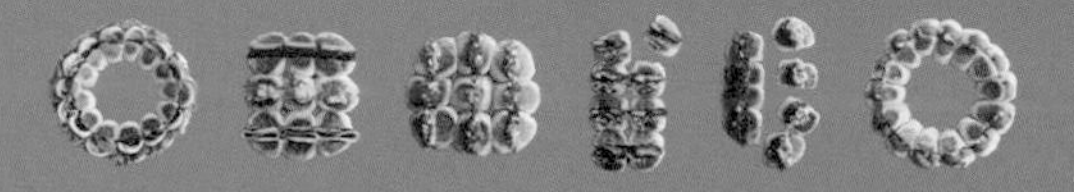

三明治手撕麵包

各式餡料由手撕麵包裡悄悄地露出臉來，
料多味美的奢華「三明治手撕麵包」，
最適合聚會等舉辦活動時準備。
基本麵包以直徑26㎝的平底鍋烘烤，
更方便夾入餡料。

三色三明治手撕麵包

小番茄＆起司、雞蛋塔塔醬、火腿＆小黃瓜，一排排麵包分別夾入不同的餡料，
完成條紋圖案般手撕麵包。以手撕麵包完成基本款三明治，感覺更新鮮，更賞心悅目。

連同容器，以蠟紙包住，
也很方便帶往聚會場所。

材料（1個份）

P.17「正方形手撕麵包」……… 1個

〈小番茄＆起司〉

- 小番茄……… 3顆
- 切片起司（備有切達起司更好）… 1～2片

〈雞蛋塔塔醬〉

- 水煮蛋……… 1個
- 美乃滋……… 2大匙
- 豆瓣菜……… 適量

〈火腿＆小黃瓜〉

- 小黃瓜……… ¼條
- 里肌火腿……… 3片

粗碾黑胡椒……… 少許

作法

1 事先準備餡料

小番茄分別輪切成3等份，小黃瓜縱向切片。起司切成一口大小。火腿摺成四摺。水煮蛋以叉子搗成粗粒後，調入美乃滋。

2 麵包劃上切口後夾入餡料

麵包排成一排排，垂直劃上切口，3種餡料非常協調地分別夾入麵包裡（參照P.45的POINT相關記載）。雞蛋塔塔醬部分撒上粗碾黑胡椒。

（¼分量：熱量402kcal、鹽分1.6g）

尼斯風蔬菜沙拉三明治手撕麵包

以輪切水煮蛋，荷葉般捲葉萵苣構成，
豪華澎湃的手撕麵包。花瓣般外觀，
讓人不由地大聲歡呼！

材料（1個份）

P.16「花圈形手撕麵包」	1個
水煮蛋	2顆
生火腿	3〜4片
鯷魚（片）	3片
綠橄欖˙黑橄欖（去籽）	10g
捲葉萵苣	1片
粗碾黑胡椒	適量

作法

1 事先準備餡料

水煮蛋分別輪切成7片，橄欖輪切成薄片。生火腿對切成兩半。鯷魚切粗末。捲葉萵苣撕成一口大小。

2 麵包劃上切口後夾入餡料

麵包斜斜地劃上切口。夾入捲葉萵苣後，非常協調地夾入其他餡料（參照以下POINT相關記載）。撒上粗碾黑胡椒。
（¼分量：熱量357kcal、鹽分1.7g）

NICOISE SALAD

POINT
麵包夾入餡料時

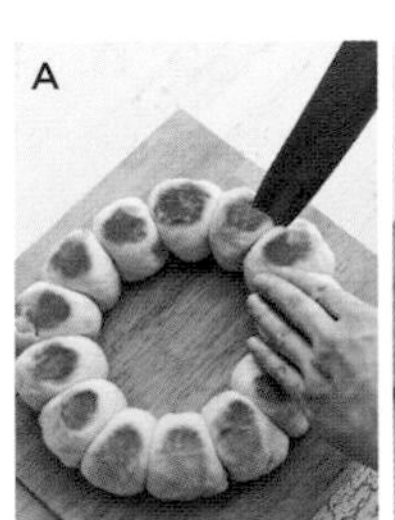

起鍋後趁熱劃切口，麵包容易萎縮掉。因此必須確實地冷卻。刀刃切入麵包狀態下，一口氣劃上切口一整圈（A）。一片一片地分別夾入餡料，更方便撕開麵包（B）。

炒麵＆馬鈴薯沙拉三明治手撕麵包

由很受歡迎，讓人很想吃的家常菜組合成餡料！完成物超所值又可大飽口福的三明治手撕麵包。

材料（1個份）

P.16「長方形手撕麵包」……1個
市售炒麵……80g
市售馬鈴薯沙拉……90g
紅薑・紅萵苣葉・粗碾黑胡椒……各適量

作法

紅薑切粗末。麵包縱向排列，垂直劃上切口。一列夾入炒麵，撒上紅薑末（參照P.45的POINT相關記載）。同樣地，另一列依序夾入紅萵苣、馬鈴薯沙拉，撒上粗碾黑胡椒。　（¼分量：熱量356kcal、鹽分1.3g）

FRIED NOODLES & POTATO SALAD

PORK CUTLETS

炸豬排三明治手撕麵包

一口大小的炸豬排，搭配高麗菜絲。
分量十足，口感絕佳。

材料（1個份）

P.16「長方形手撕麵包」…… 1個
市售炸豬排（小）…… 2塊
高麗菜絲 …… 1片份
〈醬汁〉
炸豬排醬 …… 1大匙
渥斯特醬 …… 1小匙

作法

1 事先準備餡料

混合醬汁材料後，塗抹在炸豬排上。炸豬排分別切成4等份。

2 麵包劃上切口後夾入餡料

麵包橫向排列，垂直劃上切口。非常協調地夾入高麗菜絲後，夾入炸豬排（參照P.45的POINT相關記載）。淋上剩下的醬汁。　（¼分量：熱量400kcal、鹽分1.8g）

SALMON & AVOCADO

鮭魚＆酪梨雙料三明治手撕麵包

交互夾入以茅屋起司調出清爽味道的雙色餡料，
完成色彩繽紛又美味的三明治手撕麵包。

材料（1個份）

P.17「正方形手撕麵包」…… 1個

〈鮭魚餡料〉
- 煙燻鮭魚……70g
- 茅屋起司……50g
- 橄欖油……1小匙
- 鹽……1小撮

〈酪梨餡料〉
- 酪梨……½個
- 茅屋起司……50g
- 檸檬汁・橄欖油……各1小匙
- 鹽……¼小匙

作法

1 製作鮭魚餡料與酪梨餡料

煙燻鮭魚切粗末後，混合其他材料。酪梨取出種籽，去皮後以叉子搗成粗粒，混合其他材料。

2 麵包劃上切口後夾入餡料

麵包排成列，垂直劃上切口後，交互夾入2種餡料（參照P.45的POINT相關記載）。

（¼分量：熱量399kcal、鹽分2.3g）

水果三明治手撕麵包

想不想以鮮奶油與水果完成甜點三明治呢？
奇異果與柑橘微微地探出頭來，可愛的模樣令人看得出神。

材料（1個份）

- P.16「花圈形手撕麵包」…… 1個
- 奇異果…… 1個
- 柑橘（罐裝）…… 14瓣
- 〈乳霜〉
  - 鮮奶油…… ½杯
  - 砂糖…… 1大匙
  - 喜愛的櫻桃酒…… 1小匙
- 糖粉…… 適量

作法

1 事先準備餡料

奇異果去皮後，切成寬5mm的扇形片狀。柑橘以廚房紙巾按壓吸乾湯汁。以大型調理盆裝入冰水，放入裝著乳霜材料的小調理盆，利用打蛋器攪打至撈起後呈現堅挺的角狀（九分發泡狀態）。

2 麵包劃上切口後夾入餡料

麵包斜斜地劃上切口。以湯匙抹上乳霜後，非常協調地夾入奇異果與柑橘（參照P.45的POINT相關記載）。以濾茶器撒上糖粉。

（¼分量：熱量440kcal、鹽分0.9g）

FRUIT & WHIPPED CREAM

chapter

5

SPECIAL

LET'S GIVE IT A TRY !

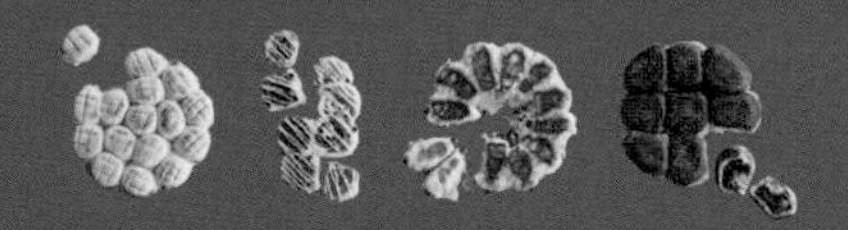

最特別的手撕麵包

菠蘿麵包、咖哩麵包都入列！

將人氣麵包作成手撕麵包。

需要多花一些時間，但，絕對值得挽起袖子製作！

邊想著上桌時異口同聲歡呼的場面，

一定要挑戰看看喔！

geflügelte bäuche auf offener
sind nach meinung vieler
das beste mittel zur
tierung von wohlstand
einfallsreichtum.

手撕菠蘿麵包

戴帽子似地蓋上可烤出香酥口感的餅乾麵團，
完成小巧可愛的手撕菠蘿麵包！頓時變身為人見人愛的俏模樣。

材料（1個份）

P10「基本的手撕麵包」……1個

〈餅乾麵團〉

- 奶油（恢復室溫）……10g
- 砂糖……20g
- 蛋液……10g
- 低筋麵粉……35g
- 檸檬汁……少許
- 細白糖……適量

手粉用高筋麵粉……適量

MELON
BREAD

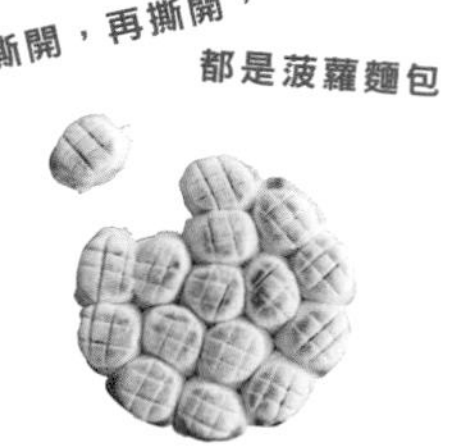

撕開，再撕開，
都是菠蘿麵包

A

1 製作餅乾麵團

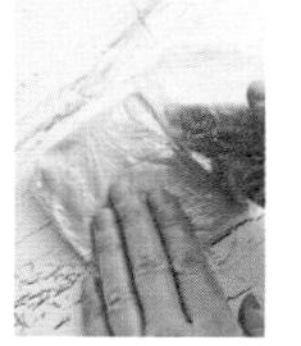

將餅乾麵團材料依序倒入調理盆，倒入材料後都分別以橡皮刮刀確實地攪拌均勻（A）。將麵團取出後，擺在攤開的保鮮膜上，延展成8cm左右的方形後包起。放入冰箱確保溫度以調節發酵約30分鐘。

B
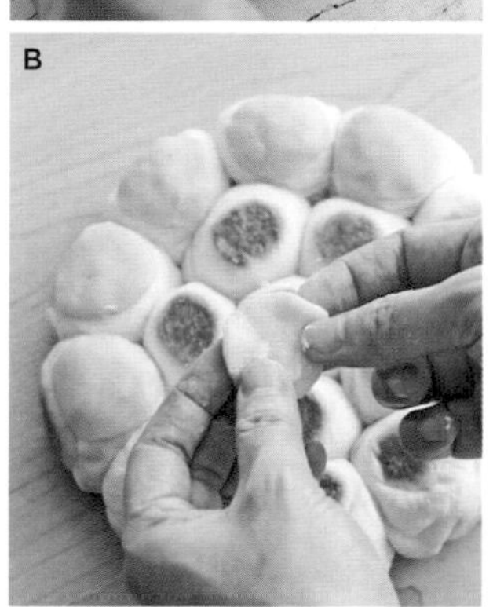

2 黏貼餅乾麵團

步驟1的餅乾麵團分別往縱橫方向切成4等份，共切成16等份後，微微地揉圓。雙手邊沾手粉，邊分別將每一等份捏成直徑約4cm的小麵皮（B），擺在麵包的表面上，以手指輕輕地按壓，促使附著在麵包上。

C

3 撒上細白糖，劃切線條以構成圖案

淺盤裡撒滿細白糖，餅乾麵團朝下，將步驟2的麵包放入淺盤裡，麵包沾上細白糖後，翻轉上下，再以手均勻地撒上細白糖（C）。撣掉多餘的細白糖，利用卡片（或奶油刀），分別往縱橫方向劃切2條線，構成格子圖案。

D

4 放入電烤箱裡烘烤

將步驟3的麵包排在烤盤上（D），放入電烤箱裡烤2～3分鐘，蓋上鋁箔後，再烤10～12分鐘（中途調轉前後）。

（¼分量：熱量371kcal、鹽分0.9g）

肉桂捲手撕麵包

麵團擀成麵皮，捲好後分切，立即呈現可愛的螺旋狀模樣。
肉桂的香氣與葡萄乾最對味！以糖霜做最後裝飾。

材料（1個份）
＝使用直徑26cm的平底鍋＝

〈麵包麵團〉
- 高筋麵粉……220g
- 砂糖……30g
- 鹽……½小匙
- 牛奶……130g
- 乾酵母……6g
- 奶油……20g

〈肉桂糖粉〉
- 砂糖……2大匙
- 肉桂粉……1小匙

葡萄乾……80g

〈糖霜〉
- 糖粉……40g
- 水……1小匙

手粉用高筋麵粉……適量

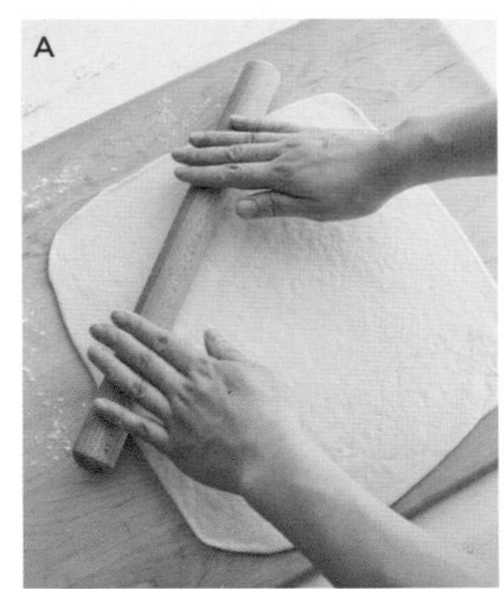
A

B

C

1 將完成第一次發酵的麵團擀成麵皮

參照P.10～P.12的作法1～7，使用直徑26cm的平底鍋，以相同要領完成製作。但，步驟7排放氣體後，麵團不分切，直接擀成麵皮。揉麵台撒上手粉後，擀麵棍由麵團中央開始，朝著前後、四角滾動（A）。擀成厚度均一，邊長30cm左右的正方形麵皮。

2 加上餡料，捲起麵皮後分切

混合肉桂糖粉的材料。距離麵團前側邊緣約2cm，均勻地撒上肉桂糖粉，撒上葡萄乾，以手掌輕輕地按壓。接著由面前側往前，緊緊地捲起麵皮（B）。捲好後以手指按壓捲繞終點以促使緊密黏合。黏合後，先由中央切成兩段，再分別切成4等份。

3 進行第二次發酵後烘烤

參照P.13的作法8～9，使用直徑26cm的平底鍋，以相同要領完成製作。但，步驟8將麵團緊密地並排在平底鍋的中央，排成4個×2列的長方形（並排麵團時，捲繞終點朝著內側，麵團分切後形成的兩端切口朝下C）。

4 擠上糖霜，完成最後裝飾

將糖霜材料裝入小塑膠袋裡，揉捏塑膠袋以混合材料。麵包微微地冷卻後，剪開裝著糖霜的塑膠袋一角，畫線似地擠上糖霜。
（¼分量：熱量411kcal、鹽分0.9g）

CINNAMON ROLLS

香腸捲手撕麵包

熟悉的香腸捲，排成環狀，構成花圈形，完成氣勢十足的手撕麵包！
撒上起司，烤出金黃色澤，裹上口感酥脆的〈羽翼〉。

SAUSAGE ROLLS

材料（1個份）
＝使用直徑26cm的平底鍋＝

〈麵包麵團〉
- 高筋麵粉……220g
- 砂糖……30g
- 鹽……½小匙
- 牛奶……130g
- 乾酵母……6g
- 奶油……20g

〈番茄醬醬汁〉
- 番茄醬……½大匙
- 芥末粒……1小匙

維也納香腸……12條
披薩用起司……60g
手粉用高筋麵粉……適量

A

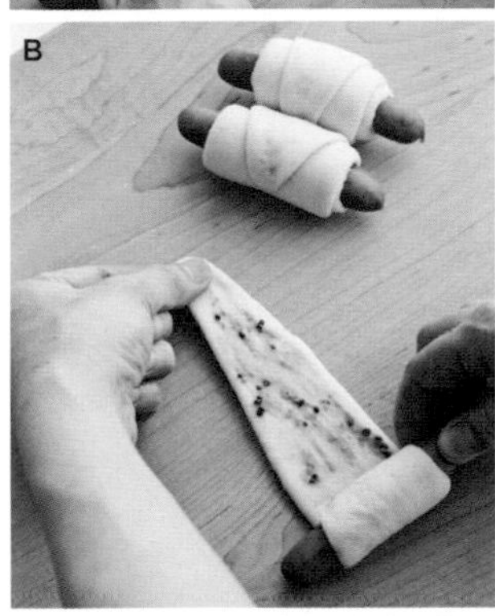
B

C

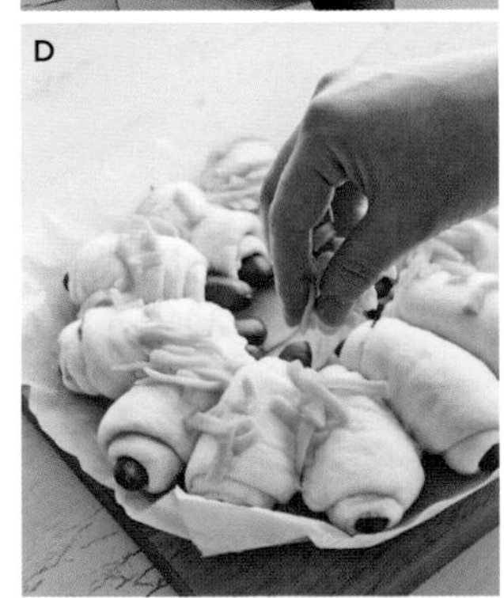
D

1 將完成第一次發酵的麵團擀成麵皮
參照P.10～P.12的作法1～7，使用直徑26cm的平底鍋，以相同要領完成製作。但，步驟7將麵團切成12等份後，微微地揉圓。揉麵台撒上手粉後，以擀麵棍分別將麵團擀成寬4～5cm，長15cm左右的麵皮（A）。

2 將麵皮捲在香腸上
混合番茄醬材料。擀成麵皮後，分別薄薄地塗抹番茄醬，然後靠近面前側，將香腸擺在麵皮上，麵團前側較窄，一隻手將麵皮往前拉，另一隻手由面前側往前捲起麵皮（B），再以相同要領完成剩下的部分。

3 進行第二次發酵後，烘烤一面
參照P.13的作法8，使用直徑26cm的平底鍋，以相同要領完成製作。但，麵皮的捲繞終點朝下，緊密地排成放射狀（以4個香腸捲排成十字型後，中間分別排放2個，更容易排出充滿協調美感的形狀（C）。第二次發酵後，蓋上鍋蓋，以文火烘烤11～13分鐘。確認烘烤顏色後，感覺顏色不夠漂亮時，以小火再烤2～3分鐘。

4 加上起司而形成羽翼

連同烤盤紙一起取出，擺在大於平底鍋一輪的大盤子裡（或砧板上），撒上⅔分量的起司（D）。將平底鍋倒扣在盤子上，翻轉上下後，將麵團移回平底鍋裡。撕掉烤盤紙，將剩下的起司撒在麵團周圍。蓋上鍋蓋，再以文火烘烤10～12分鐘。利用鍋鏟，取出後擺在網子上等，微微地冷卻。
（¼分量：熱量547kcal、鹽分2.4g）

咖哩手撕麵包

充滿辛香味的肉醬咖哩，與口感香脆的麵團，吃了就會上癮的美味！
以油潤鍋後煎烤，就是最道地的咖哩麵包製作重點。

材料（1個份）
＝使用直徑20cm的平底鍋＝

〈麵包麵團〉
- 高筋麵粉……220g
- 咖哩粉……1小匙
- 砂糖……30g
- 鹽……½小匙
- 牛奶……130g
- 乾酵母……6g
- 奶油……20g

〈肉醬咖哩〉
- 絞肉……80g
- 綜合豆（乾燥包裝）……40g
- 洋蔥切細末……¼個份（約50g）
- 紅蘿蔔切細末……⅕條份（約30g）
- 蒜末、薑末……各½片份
- 番茄醬……1大匙
- 咖哩粉……2小匙
- 西式高湯素（顆粒）……⅓小匙
- 水……1杯
- 鹽……¼小匙

〈太白粉水〉
- 水……1大匙
- 太白粉……½大匙

麵包粉……½大匙
手粉用高筋麵粉……適量
沙拉油……5大匙

1 製作肉醬咖哩

將沙拉油1大匙倒入平底鍋，以中火加熱。加熱後倒入蒜末、薑末，爆香後，添加洋蔥、紅蘿蔔，拌炒5分鐘左右。加入絞肉、鹽，續炒3分鐘左右，接著加入番茄醬、咖哩粉、西式高湯素、水、綜合豆，再煮5～6分鐘，烹煮至湯汁幾乎收乾為止（**A**）。將太白粉水材料攪拌均勻後加入，煮滾後關掉爐火，微微地冷卻。

2 揉成麵團，進行第一次發酵後，包入餡料

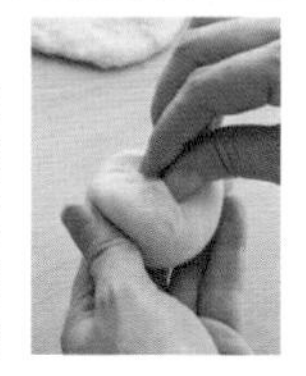

參照P.10～P.12的作法**1～7**，以相同要領完成製作。但，作法**1**高筋麵粉添加咖哩粉後，大致攪拌。作法**7**將麵團切成9等份後微微地揉圓。揉麵台撒上手粉後，利用擀麵棍，將麵團分別擀成直徑10cm左右的麵皮。麵皮中央加上1大匙咖哩肉醬。捏住麵團邊緣後，邊往中央靠攏，邊包住餡料（**B**），揉圓至表面呈現緊繃光滑狀態（參照P.35的**POINT**相關記載）。確實地捏緊麵團開口。

3 進行第二次發酵

參照P.13的作法**8**，以相同要領完成製作。但，捏緊的開口朝下，將麵團並排成3個×3列的正方形。毛刷微微地沾水後，塗抹麵團表面，撒上麵包粉（**C**）。

4 採用煎烤方式

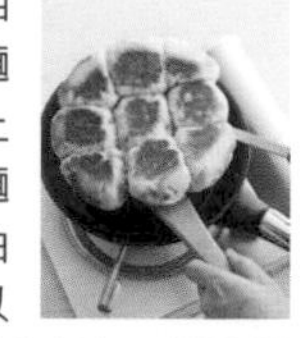

參照P.13的作法**9**，以相同要領完成製作。但，麵團煎烤一面後，翻轉上下，移回平底鍋，沿著麵團周圍淋上4大匙沙拉油（**D**）。再蓋上鍋蓋，以文火煎烤6～7分鐘後，調成中火，繼續煎烤1分鐘。利用2支鍋鏟等，翻轉上下後取出，擺在網子上等，微微地冷卻（小心處理以免造成燒燙傷※）。

（¼分量：熱量477kcal、鹽分1.6g）

※鍋裡還殘留沙拉油，避免傾斜平底鍋，請小心地取出。

CURRY BREAD

特別篇

喜歡吃甜麵包的人千萬別錯過！

Sweet「奶香」手撕麵包

熱愛甜食的人必看！「奶香手撕麵包」是「基本的手撕麵包」添加煉乳後完成，滋味更甜美的手撕麵包。
兼具膨鬆柔軟又Q彈的口感，與煉乳的甜蜜味道，世上再也找不到這麼速配的美味！

Milky

基本的奶香手撕麵包

材料
（直徑 20 ㎝的平底鍋 1 個份）

材料	份量
高筋麵粉	220g
煉乳	30g
砂糖	30g
鹽	½小匙
牛奶	100g
水	30g
乾酵母	6g
奶油	20g

[揉成麵團後揉圓]

這麼做就充滿「奶香」味！
麵團添加煉乳！

1 將牛奶與水混合後，倒入耐熱容器裡，不覆蓋保鮮膜，直接微波加熱30秒，加熱至人體皮膚的溫度。添加乾酵母後，大致攪拌（未完全溶解也OK）。將高筋麵粉、砂糖、鹽、煉乳倒入調理盆裡，加入含酵母成分的奶水後，以橡皮刮刀攪拌。攪拌至看不出粉末狀後，用手揉成麵團，取出後移往揉麵台。

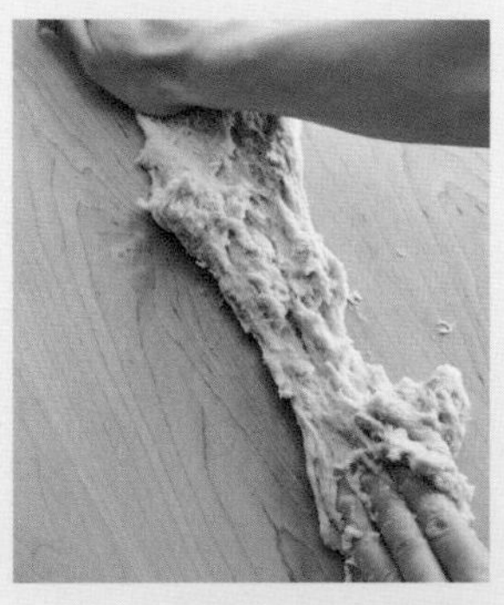

2 用力拉麵團似地，利用手掌根部，加上身體重量，往前推揉麵團後，朝著面前側摺疊。接著一面將麵團旋轉90℃，一面重複以上動作，揉麵約4分鐘，揉成表面光滑的麵團。（麵團黏手，但，不撒手粉，直接揉麵）。

3 將奶油放入耐熱容器裡，不覆蓋保鮮膜，直接微波加熱20秒以軟化奶油。將麵團移回調理盆，添加奶油後，摺疊麵團，包入奶油。麵團用力地往外拉後揉圓，重複此動作數次，促使奶油融入麵團裡。

4 將麵團取出後移往揉麵台，以步驟**2**要領再揉麵約4分鐘，至麵團表面呈現光滑狀態為止（開始揉麵時非常黏手，漸漸地就能揉成麵團，建議耐心地繼續揉麵）。

5 將麵團切成4等份。麵團分別擺在手掌心，捏住麵團邊緣，往中央靠攏後，揉圓至表面呈現光滑狀態。確實地捏緊麵團開口。

[以平底鍋發酵]

6 使用直徑20cm的平底鍋，倒入1大匙水後，鋪上烤箱用烤盤紙。捏緊的開口朝下，排入麵團後，蓋上鍋蓋。以文火（極小火）加熱1分鐘後，關掉爐火。加熱後靜置約20分鐘，至麵團膨脹為1.5倍左右為止（第一次發酵）。

7 將麵團取出後，移往揉麵台，重疊4個麵團後，將手掌擺在麵團上，按壓麵團以促使排出氣體。量秤重量後，將麵團切成16等份。如同步驟**5**，揉圓至麵團表面呈現光滑狀態後，確實地捏緊麵團開口。

8 擦乾平底鍋與烤盤紙上的水氣，鋪回烤盤紙。捏緊的開口朝上，排入麵團後，蓋上鍋蓋。以文火加熱1分鐘後，關掉爐火。靜置約15分鐘，至麵團膨脹為1.5倍左右（第二次發酵）。

[以平底鍋烘烤兩面]

9 蓋著鍋蓋狀態下，以文火烘烤8～10分鐘，烤成金黃色。烤好後，連同烤盤紙一起取出，移到比平底鍋大上一輪的盤子裡，然後將平底鍋倒扣在盤子上，翻轉上下，將麵團移回平底鍋裡。撕掉烤盤紙，蓋上鍋蓋，再以文火烘烤7～8分鐘。烤熟後取出，擺在網子上等，大致冷卻。（¼分量：熱量313kcal、鹽分0.9g）

味道更甜蜜的手撕麵包變化作法。

棉花糖吐司手撕麵包

融合花生醬鹹味
與烤成金黃色的棉花糖香濃甜蜜滋味的美味！

材料（1個份）

P.60「基本的奶香手撕麵包」	1個
棉花糖	60g
花生醬	3大匙

作法

棉花糖切成1cm小塊。麵包塗抹花生醬後，距離周圍約2cm，排好棉花糖。將麵包擺在烤盤上，放入烤麵包機，烘烤約1分鐘，烤成金黃色。
（¼分量：熱量444kcal、鹽分1.0g）

加上楓糖堅果

口感酥脆的堅果，裹上楓糖漿後當做裝飾。
最後修飾時增添鹹味，完成讓人欲罷不能的美味。

材料（1個份）

P.60「基本的奶香手撕麵包」……1個

〈楓糖堅果〉
- 綜合堅果（無鹽）……40g
- 楓糖漿……2大匙

奶油……5g
粗鹽……少許

作法

堅果切成粗粒，放入調理盆裡，添加楓糖漿，將堅果拌上楓糖漿。將奶油放入耐熱容器裡，不覆蓋保鮮膜，直接微波加熱10秒。麵包以毛刷薄薄地刷上奶油後，加上楓糖漿堅果，撒上粗鹽。
（¼分量：熱量409kcal、鹽分1.2g）

Maple Nut

加上蜂蜜檸檬

味道清新的檸檬，最適合加在烤成金黃色的麵包上。
酸溜溜的檸檬裹上蜂蜜後，味道更柔和。

材料（1個份）

P.60「基本的奶香手撕麵包」……1個

〈蜂蜜檸檬〉
- 檸檬（國產）……¼個（約25g）
- 細白糖、蜂蜜……各1大匙

奶油……5g
粗糖……少許

事前準備

・製作蜂蜜檸檬。檸檬輪切成薄片後，切成8等份的放射狀。倒入調理盆後，撒上細白糖，添加蜂蜜，大致攪拌後浸漬30分鐘左右。

作法

將奶油放入耐熱容器裡，不覆蓋保鮮膜，直接微波加熱10秒。麵包以毛刷薄薄地刷上奶油後，加上蜂蜜檸檬。淋上浸漬檸檬的汁液，撒上粗鹽。
（¼分量：熱量353kcal、鹽分1.1g）

Honey Lemon

材料（1個份）
＝使用直徑26cm的平底鍋＝

〈麵包麵團〉
P.60「基本的奶香手撕麵包」材料……全量
草莓……4～5顆
市售紅豆餡……100g
奶油（無鹽）……50g

作法

1 將「基本的奶香手撕麵包」烤成正方形

參照P.60～P.61「基本的奶香手撕麵包」的作法1～9，使用直徑26㎝的平底鍋，以相同要領完成製作。但，作法7將麵團切成9等份。作法8將麵團緊密地並排在平底鍋的中央，排成3個×3列的正方形。

2 劃上切口後夾入餡料

草莓切除蒂頭後，縱向切成薄片。奶油切成9等份薄片。麵包確實冷卻後，一排排地分別垂直劃上切口。抹上紅豆餡後，依序夾入相同等份的草莓、奶油。
（¼分量：熱量475kcal、鹽分0.9g）

夾入奶油草莓紅豆餡的三明治手撕麵包

夾入奶油、草莓、紅豆餡，作成三明治手撕麵包。
大口大口地盡情地享用組合搭配絕妙的美味吧！

淋上草莓奶醬

以草莓奶醬為裝飾，模樣可愛的手撕麵包。
麵包裡包著味道酸甜的草莓起司。

材料（1個份）

＝使用直徑20cm的平底鍋＝

〈麵包麵團〉

P.60「基本的奶香手撕麵包」材料……全量

〈草莓起司〉

- 奶油起司……120g
- 草莓果醬……4大匙

〈草莓奶醬〉

- 草莓果醬……2大匙
- 煉乳……1小匙

事前準備

・製作草莓起司。將奶油起司倒入耐熱容器裡，不覆蓋保鮮膜，直接微波加熱20秒。以橡皮刮刀攪拌出滑潤口感後，添加草莓果醬，攪拌均勻。

・混合草莓奶醬的材料。

作法

1 以完成第一次發酵的麵團包入草莓起司

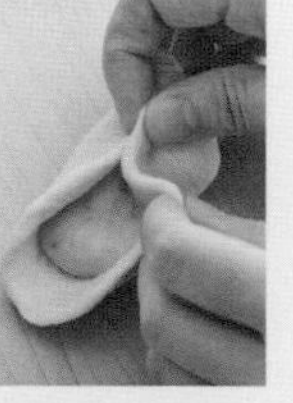

參照P.60～P.61「基本的奶香手撕麵包」的作法1～7，以相同要領完成製作。但，作法7將麵團切成12等份。微微地揉圓後，以擀麵棍分別擀成12cm大小的麵皮。麵皮中央分別加上1大匙草莓起司。捏住麵團邊緣，邊往中央靠攏，邊包入餡料後，揉圓至表面呈現緊繃光滑狀態。確實地捏緊麵團開口。

2 第二次發酵後烘烤，淋上醬汁

參照P.61的作法8～9，以相同要領完成製作。但，作法8捏緊的開口朝下，將麵團排入平底鍋裡，中央4個，周圍8個。烤好後微微地冷卻，利用湯匙描線似地淋上草莓奶醬。

（¼分量：熱量485kcal、鹽分1.1g）

撕開後
爆漿似地溢出草莓起司

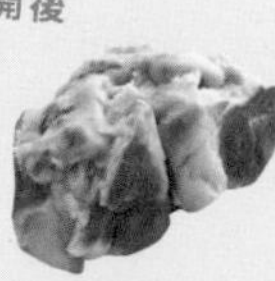

起司火鍋風巧克力沾醬手撕麵包

花圈形手撕麵包的正中央，擺放巧克力醬。
撕下麵包後沾著吃，美味、樂趣倍增！

材料（1個份）
＝使用直徑20cm的平底鍋＝

〈麵包麵團〉
P.60「基本的奶香手撕麵包」材料……… 全量

〈巧克力醬〉
- 巧克力片（牛奶口味）……… 50g
- 牛奶（有則使用鮮奶油）……… 2大匙

奶油……… 5g
杏仁片……… 1大匙（約5g）

事前準備

・以剪成20cm平方的烤箱用烤盤紙，包住口徑7cm的布丁烤杯，套出杯子形狀（拿掉布丁烤杯）。
・將巧克力片切成粗粒。
・杏仁片以平底鍋煸炒出香脆口感。

作法

1 將麵團排成花圈形後，進行第二次發酵

參照P.60～P.61「基本的奶香手撕麵包」作法1～8，以相同要領完成製作。但，作法7將麵團切成10等份。作法8沿著平底鍋邊緣，將麵團緊密地排成環狀。

2 烘烤兩面

參照P.61的作法9，以相同要領完成製作。但，烘烤一面後，將麵團取出擺在盤子裡，上面另外覆蓋一張烤箱用烤盤紙，將平底鍋倒扣在盤子上，然後翻轉上下。只撕掉上面的烤盤紙，蓋上鍋蓋後，以文火烘烤4分鐘左右。

3 加入巧克力醬

以烤箱用烤盤紙作成杯子後，倒入巧克力醬材料，擺在麵團的中央※，再度蓋上鍋蓋，以文火烘烤3～5分鐘。烤好後，連同底下的烤盤紙一起取出，擺在網子上等，微微地冷卻。

※連同布丁烤杯一起烘烤時，接觸布丁烤杯部分的麵團不容易受熱，易烤成半生熟。套出杯子形狀後，暫時拿掉布丁烤杯，只有烤盤紙做的紙杯放入平底鍋裡。

4 撒上杏仁片，完成最後修飾

將奶油放入耐熱容器裡，不覆蓋保鮮膜，直接微波加熱10秒。麵包以毛刷薄薄地刷上奶油後，撒上杏仁片。將裝巧克力醬的杯子放回布丁烤杯裡，配合布丁烤杯，修剪烤盤紙的上部。修剪後擺在麵包中央，即可邊以麵包沾取巧克力醬邊享用。
（¼分量：熱量405kcal、鹽分0.9g）

PROFILE

高山和恵

料理研究家。葡萄酒侍酒師。從日常菜餚到佐酒小菜，其中最富人氣的，就是讓人看了想一再烹調製作的食譜。以書籍、雜誌、廣告為主，廣泛地參與活動中。近著有《ほんとうにおいしいスムージーBOOK》（成美堂出版）等。熱衷於研究與透過每天的試做，完成初學者也不失敗的《平底鍋烤出香軟手撕麵包》一書。認為越製作越能夠提昇能量，以「潛能無限」為座右銘，深入鑽研料理。最喜歡「鹽奶油風味」的手撕麵包。

TITLE

平底鍋烤出香軟手撕麵包

STAFF

出版　瑞昇文化事業股份有限公司
編著　ORANGE PAGE
譯者　林麗秀
攝影師　寺澤太郎

總編輯　郭湘齡
文字編輯　黃美玉　蔣詩綺　徐承義
美術編輯　孫慧琪
排版　執筆者設計工作室
製版　明宏彩色照相製版股份有限公司
印刷　皇甫彩藝印刷股份有限公司

法律顧問　經兆國際法律事務所　黃沛聲律師

戶名　瑞昇文化事業股份有限公司
劃撥帳號　19598343
地址　新北市中和區景平路464巷2弄1-4號
電話　(02)2945-3191
傳真　(02)2945-3190
網址　www.rising-books.com.tw
Mail　deepblue@rising-books.com.tw

初版日期　2018年3月
定價　250元

國家圖書館出版品預行編目資料

平底鍋烤出香軟手撕麵包 / 高山かづえ著；林麗秀譯. -- 初版. -- 新北市：瑞昇文化, 2018.03
64面；21x25.7公分
ISBN 978-986-401-227-5(平裝)

1.點心食譜 2.麵包

427.16　　107002742